BEI GRIN MACHT SICH IHR WISSEN BEZAHLT

- Wir veröffentlichen Ihre Hausarbeit, Bachelor- und Masterarbeit

- Ihr eigenes eBook und Buch - weltweit in allen wichtigen Shops

- Verdienen Sie an jedem Verkauf

Jetzt bei www.GRIN.com hochladen und kostenlos publizieren

Nele Klein

Apoptose und Nekrose. Funktion, Verlauf und Relevanz zweier pathologischer Prozesse

GRIN Verlag

Bibliografische Information der Deutschen Nationalbibliothek:

Die Deutsche Bibliothek verzeichnet diese Publikation in der Deutschen National-
bibliografie; detaillierte bibliografische Daten sind im Internet über http://dnb.d-
nb.de/ abrufbar.

Impressum:

Copyright © 2014 GRIN Verlag GmbH
Druck und Bindung: Books on Demand GmbH, Norderstedt Germany
ISBN: 978-3-656-61654-2

Dieses Buch bei GRIN:

http://www.grin.com/de/e-book/270307/apoptose-und-nekrose-funktion-verlauf-
und-relevanz-zweier-pathologischer

Hausarbeit im Modul AEF-el823
im Studiengang der Agrarwissenschaften

Apoptose/ Nekrose

vorgelegt von Nele Klein; Kiel, Dezember 2013

Institut für Humanernährung und Lebensmittelkunde

Abteilung der Juniorprofessur für Molekulare Ernährung

Agrar- und Ernährungswissenschaftliche Fakultät

der Christian-Albrechts-Universität zu Kiel

Tabellenverzeichnis

Abbildungsverzeichnis

Abkürzungen

Abb.	Abbildung
ACD	active cell death
AIF	Apoptosis-Inducing Factor
Apaf-1	Apoptotic protease-activating factor-1
ATP	Adenosin 5'-triphosphat
bspw.	beispielsweise
bzgl.	bezüglich
Bak	Bcl-2-antagonist/killer
Bax	Bcl-2 associated X protein
Bcl-2	B-cell leukemia/lymphoma-2
C. elegans	*Caenorhabditis elegans*
ca.	circa
et al.	und andere (et alii)
DD	Todesdomäne (death domain)
DED	Todeseffektordomäne (death effector domain)
DISC	Death inducing signalling complex
FADD	Fas-associated death domain-containing protein

Fas	Fibroblasten-assoziiert
FasL	Fas Ligand
Fas-R	Fas-Rezeptor
PCD	programmed cell death
RIP1	Rezeptor-Interaktion-Proteinkinase 1
s.	siehe
sog.	sogenannte
Tab.	Tabelle
TNF	Tumor-Nekrose-Faktor
TNF-R1	TNF-Rezeptor 1
TNF-α	Tumornekrosefaktor-α
TRADD	TNF-R Associated Death Domain protein
z. B.	zum Beispiel

Inhaltsverzeichnis

1   Einleitung

Das Leben der eukaryotischen Zelle beginnt mit einer mitotischen bzw. meiotischen Zellteilung und schließt mit der nächsten Zellteilung ab. Der Zellzyklus, welcher mit der Mitose-Phase (M-Phase) und der Interphase, bestehend aus G_1-, S- und G_2-Phase, insgesamt vier Phasen umfasst, lässt auch Zellen ausscheiden und absterben. Das Zusammenspiel von Zelltod, Zellteilung- und Differenzierung ist verantwortlich für die komplexen Um- und Aufbauprozesse, die den menschlichen Körper hervorgebracht haben und fortwährend erneuern. Der Zelltod ist hierbei ein physiologischer Vorgang, der aus zellbiologischer Sicht unerlässlich ist. Hinsichtlich des Zelltods unterscheidet man hauptsächlich zwischen Apoptose und Nekrose, welche jeweils durch eine Vielzahl unterschiedlicher morphologischer sowie biochemischer Faktoren gekennzeichnet sind. Ziel dieser Arbeit ist es, diese zwei pathologischen Prozesse bzgl. Funktion, Verlauf und Relevanz darzulegen.

2   Apoptose

1972 führten WILLEY und KERR den zellbiologischen Begriff „Apoptose" (griech.: *apo* = ab oder los; *ptosis* = Senkung oder Niedergang) als eine Sonderform des programmierten Zelltodes ein, welche durch charakteristische morphologische Eigenschaften gekennzeichnet ist und auch als „programmed cell death" (PCD) oder „active cell death" (ACD) bezeichnet wird. Mitte der 1980er Jahre erhielt man aus Untersuchungen an *C. elegans* den ersten Hinweis darauf, dass die Apoptose auf genetischer Ebene fixiert ist (KLEINIG et al., 1999; SCHMITZ, 2011). So konnte gezeigt werden, dass immer eine gleiche Anzahl von Zellen, nämlich 131 von 1090, im Verlauf der Entwicklung des Nematoden mittels Apoptose eliminiert werden (SULSTON et al., 1977). Bei *C. elegans* konnten desweiteren die ersten die Apoptose kontrollierenden Gene (*ced*-Gene) identifiziert werden (KLEINIG et al, 1999).

2.1   Verlauf der Apoptose

Äußere Faktoren wie bspw. UV-Strahlung, chemische Substanzen, Schwermetalle oder Infektionen mit Bakterien oder Viren, können Zellen zur Apoptose veranlassen. Im Verlauf der Apoptose werden definierte Signaltransduktionswege aktiviert, welche zu physiologischen und morphologischen Veränderungen führen. Bisher sind zwei Wege bekannt, über die diverse apoptotische Signale zur Auslösung der Apoptose führen. Man unterscheidet hier den extrinsischen Signalweg (Apoptose vom Typ I) und den intrinsischen Signalweg (Apoptose vom Typ II).

Die charakteristischen strukturellen Veränderungen einer Zelle im Verlauf der Apoptose sind in Abbildung 1 dargestellt. Bei der Apoptose kommt es zu Veränderungen der Plasmamembransymmetrie, wobei zunächst die Zelle schrumpft, Proteine fragmentiert werden, Chromatin kondensiert und DNA degradiert wird (KERR et al., 1972). Letztlich kommt es zu

Abschnürungen der Zellmembran („membrane blebbing"), die sog. Zeiose (LEIST et al., 2001), sowie die Bildung von sog. „Apoptosekörperchen" („apoptotic bodies"), welche Zellfragmente beinhalten und für den schnellen Abbau durch Makrophagen oder benachbarten nicht professionell phagozytierenden Zellen durch die Markierung negativ geladener Phospholipidmoleküle, welche von der Innen- zur Außenseite der Zellmembran wandern und somit an der Zelloberfläche sog. „eat-me"-Signale auslöst, freigegeben wird (SAVILL et al., 2000), so dass Entzündungsreaktionen vermieden werden (VOLL et al., 1997; HENGARTNER, 2000).

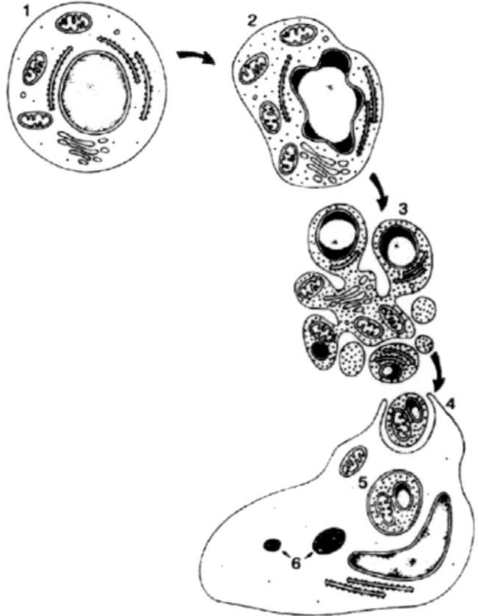

Abb. 1.: Charakteristische strukturelle Veränderungen einer Zelle im Verlauf der Apoptose (modifiziert nach KERR et al., 1995).
1) Normale Zelle; 2) Zelle schrumpft, Cytoplasma und Chromatin kondensieren; 3) Zellkern wird fragmentiert und Vesikel werden von der Cytoplasmamembran abgeschnürt; 4-6) „Apoptosekörperchen" werden von Nachbarzellen oder Makrophagen phagocytiert und durch lysosomale Enzyme verdaut.

2.2 Schlüsselmoleküle

2.2.1 Caspasen

Einen zentralen Baustein stellen bei der Apoptose die Mechanismus vermittelnden Cysteinproteasen, die sog. Caspasen, welche Peptidbindungen am C-Terminus von Aspartat spalten können, dar (SCHMITZ, 2011). Desweiteren werden weitere Substrate wie z. B. weitere Caspasen, zahlreiche Strukturproteine, Inhibitoren und Enzyme umfasst, weshalb die Caspasen entscheidend zur spezifischen Degradation zellulärer Komponenten während der Apoptose beitragen (NICHOLSON et al., 1997). Die Familie der Caspasen umfasst allein bei Säugetieren ca. 14 Homologa (STRASSER et al., 2000). Hinsichtlich ihrer Position im Apoptosesignalweg wird differenziert zwischen den vorgeschalteten Initiatorcaspasen wie Caspase -2, -8, -9 und -10, welche eine verlängerte Prodomäne aufweisen und somit durch die Interaktion mit Adaptermolekülen wie z. B. FADD (s. Abb. 3.) eine wichtige Schaltstelle bzgl. der Weiterleitung des proapoptotischen Signals sind, und den ausführenden Effektorcaspasen wie Caspase -3, -6 und -7, welche für zahlreiche zelluläre Effekte verantwortlich sind, und weiteren Caspasen, die neben apoptotischen Funktionen auch an Entzündungsreaktionen beteiligt sind wie Caspase -1 und -11 (THORNBERRY et al., 1998; LOHMANN, 2011). Die Caspasen werden als inaktive Proenzyme, welche eine geringe basale Enzymaktivität von ca. 1-2 % der vollen Aktivität (GREEN, 1998) aufweisen und aus einer Prodomäne sowie aus zwei weiteren Bereichen bestehen, synthetisiert und werden erst durch Autoproteolyse oder durch andere Caspasen, die in spezifischen Tetrapeptidsequenzmotiven nach einem Aspartatrest schneiden, aktiviert (SCHÖNFELD, 2002) (Abb. 2.). Bei der Aktivierung entstehen aktive Heterotetamere, die aus je zwei 10kD- und zwei 20kD-Untereinheiten bestehen und über zwei katalytische Zentren verfügen (WILSON et al., 1994; SCHÖNFELD, 2002).

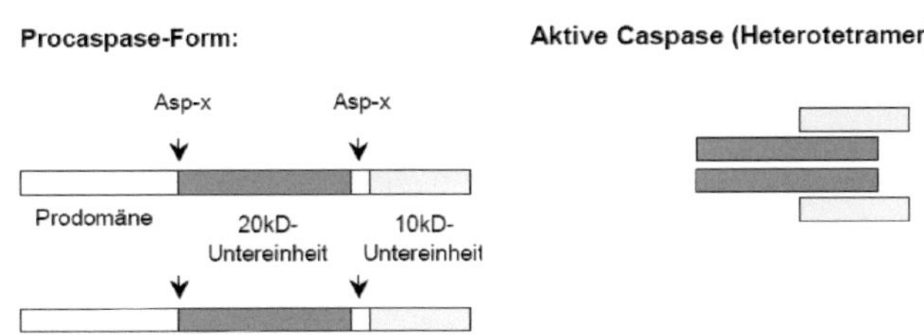

Abb. 2.: Mechanismus der Caspasen-Aktivierung (modifiziert nach SCHÖNFELD, 2002).

2.2.2 Bcl-2-Proteinfamilie

Neben den Caspasen vermitteln Mitglieder der Bcl-2-Proteinfamilie, welche kleine regulatorische Proteine darstellen, die in der Mitochondrienmembran lokalisiert werden, um die Freisetzung apoptogener Faktoren wie bspw. Cytochrom c zu regulieren, den Mechanismus der Apoptose vom Typ II (HENGARTNER, 2000; SCHMITZ, 2011). Differenziert wird zwischen proapoptotischen Proteinen wie z. B. Bax und Bak, sowie antiapoptotischen Proteinen z. B. Bcl-xL und Bcl-W (SCHMITZ, 2011).

2.3 Mechanismen der Apoptose

Die Apoptose ist ein sehr geordneter, ATP-abhängiger Prozess, welcher mittels Caspasen vermittelt wird. Diese aktivieren sich gegenseitig und amplifizieren auf diese Weise das proapoptotische Signal. Darüber hinaus spalten sie zahlreiche Strukturproteine und Enzyme und bedingen so die charakteristischen morphologischen Veränderungen. Es wird zwischen zwei Mechanismen der Apoptose unterschieden.

1. Apoptose vom Typ I
2. Apoptose vom Typ II

2.3.1 Apoptose vom Typ I

Bei der Apoptose vom Typ I handelt es sich um die extrinsisch, Rezeptorvermittelte Apoptoseeinduktion, welche durch membranständige Todesrezeptoren der Tumor-Nekrose-Faktor (TNF)-Rezeptorfamilie wie bspw. TNF-R1 und Fas-R und durch spezifische Liganden wie bspw. TNF-α und FasL initiiert werden.

Der extrinsische Signalweg wird wie in Abbildung 3 dargestellt über die Bindung an die extrazelluläre Domänen von z. B. TNF-R1 oder Fas-R mit spezifischen Liganden wie z. B. TNFα oder FasL aktiviert. Nach Bindung der jeweiligen Liganden folgt die Dimerisierung der intrazellulären Todesdomänen (DD) des jeweiligen Rezeptors mit den entsprechenden Adapterproteinen TRADD oder FADD. Die Todeseffektordomäne (DED) von FADD interagiert mit den Procaspasen 8 oder 10 und bildet somit den sog. DISC-Komplex, welcher die Procaspasen 8 und 10 aktiviert und diese in aktivierter Form dazu veranlasst sich vom den DISC-Komplex zu trennen um zytoplasmatische Effektorcaspasen wie Caspase 3 zu aktivieren (STRASSER et al., 2000; LOHMANN, 2011). Diese Signalkaskade führt zum apoptotischen Abbau der Zelle (OBERHOLZER et al., 2001).

2.3.2 Apoptose vom Typ II

Bei der Apoptose vom Typ II handelt es sich um die intrinsisch bzw. mitochondriale Apoptosinduktion, welche durch bestimmte intrazelluläre Signale, die spezifische mitochondriale Veränderungen hervorrufen und auf diese Weise zur Aktivierung von Caspasen führen.

Der intrinsische Signalweg wird wie in Abbildung 3 dargestellt hauptsächlich durch extra- oder intrazelluläre Faktoren wie bspw. oxidativer Stress oder Beschädigung der DNA ausgelöst (RICH, 2000; RAVAGNAN, 2002). Die Regulierung erfolgt über Bcl-2-Proteine, welche in aktivierter Form von Bax und Bak eine Ausschüttung von Cytochrom c aus den Mitochondrien verursachen. Cytochrom c bindet im Zytosol an das Adapterprotein Apaf-1 und die Procaspase 9 und bildet das Apoptosom, wodurch die Effektorcaspase 3 aktiviert wird (PAPATHANASSOGLOU et al., 2000). Diese Signalkaskade endet wie bei Apoptose vom Typ I im apoptotischen Abbau der Zelle.

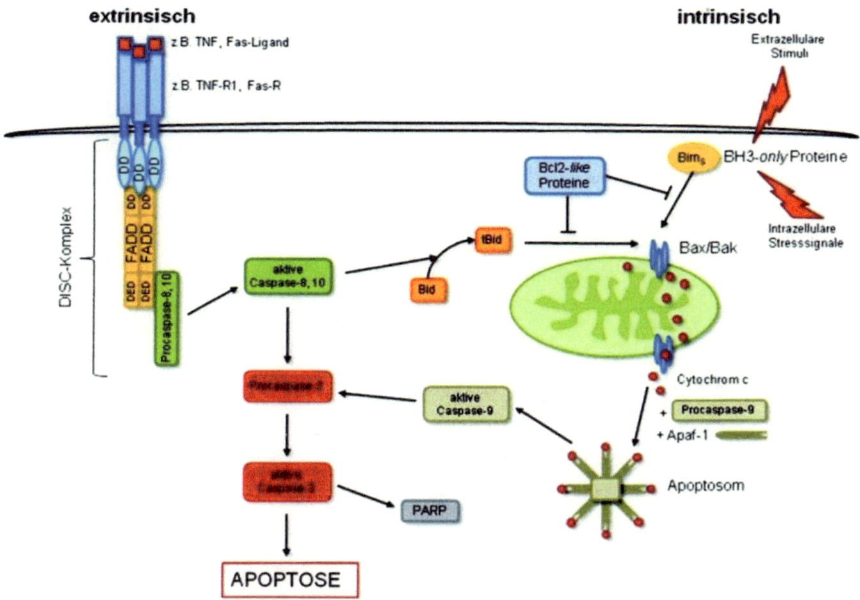

Abb. 3.: Extrinsischer und intrinsischer Apoptose-Signalweg (nach LOHMANN, 2011).

2.4 Die physiologische und pathologische Relevanz der Apoptose

Der programmierte Zelltod ist für die normale Entwicklung und Funktion des Organismus unerlässlich, aufgrund dessen, dass Störungen der Apoptose-Regulation im Sinne einer abnorm erhöhten Resistenz gegenüber Apoptose-Induktoren zu Fehlbildungen, Autoimmunerkrankungen oder Neoplasien führen, und hat somit eine hohe physiologische Relevanz. Unter anderem dient dieser Prozess der Beseitigung beschädigter/entarteter, überflüssiger oder potentiell schädlicher Zellen, Kontrolle der Zellzahl und demnach Gewährleistung der Integrität der verschiedenen Gewebe, sowie Sicherung des Zellturnovers in Geweben und Selektion genetisch intakter Keimzellen.

Im gesunden Organismus bringt die Apoptose bspw. die freistehenden Finger und Zehen des Menschen hervor, die in der frühen Embryogenese, ähnlich wie bei Vögeln, durch Zwischengewebe verbunden sind (MEIER et al., 2000; BAEHRECKE, 2002; SCHÖNFELD, 2002).

Liegt jedoch eine Fehlregulation des Apoptosemechanismus vor, kann dies zu einer Wucherung von Zellen, zur Bildung von Krebs und auch zur Entwicklung von Autoimmunkrankheiten führen. Im Fall von Krebs liegt eine reduzierte Apoptoserate im entsprechenden Gewebe vor, so dass es zu einer Manifestation von Tumorzellen kommt. Desweitern spielt die Apoptose bei Krankheiten wie z. B. Sepsis, Herzinfarkt, Diabetes, Schlaganfall und neurodegenerative Krankheiten eine wichtige Rolle.

3   Nekrose

Eine weitere Form des Zelltods stellt die Nekrose (griech.: *nekros* = Leichnam) dar. Dieser pathologische Prozess (TRUMP, 1965), welcher durch Aktivierung des Komplementsystems sowie durch eine Vielzahl an physikalischen oder chemischen Ereignissen wie bspw. Hypoxie, Toxine, hohe Temperaturen, Viren oder Traumata ausgelöst wird (BIEBL, 2003), verläuft im Gegensatz zur vorangegangenen beschriebenen Apoptose passiv und steht für eine unkontrollierte, zufällige, energieunabhängige und nicht programmierte Form des Zelltods.

3.1   Verlauf der Nekrose

Die charakteristischen strukturellen Veränderungen einer Zelle im Verlauf der Nekrose sind in Abbildung 2 dargestellt. Im Fall von Nekrose kommt es nach der Induktion zu einer Beeinträchtigung der Homöostase und zu einer Störung des Ionenhaushalts der Zelle. Das daraus resultierende Anschwellen der Zelle bzw. Zellorganellen, der sog. Oncosis, führt, zusammen mit der Aktivierung degradierender Enzyme, zu Fehlfunktionen und konsekutiver Ruptur der Zytoplasmamembran (MAJNO et al., 1995) einhergehend mit der Auflösung der Membranintegrität mit anschließender Zelllyse. Die Freisetzung des Zellinhalts in Form zellulärer Kompartimente speziell von Enzymen und Metaboliten in den extrazellulären Raum hat eine Aktivierung des Immunsystems zur Folge und resultiert häufig in eine lokale Entzündungsreaktion, welches damit zur Schädigung des umgebenden Gewebes führt (KROEMER et al., 1998).

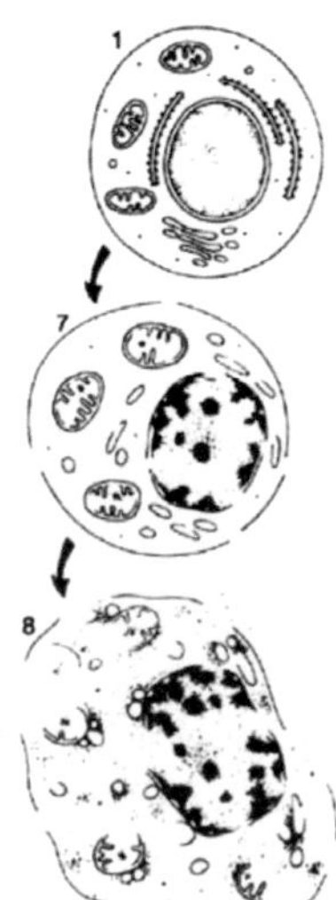

Abb. 4.: Charakteristische strukturelle Veränderungen einer Zelle im Verlauf der Nekrose (modifiziert nach KERR et al., 1995).
1) Normale Zelle; 7) Anschwellen der Zelle und Aufbrechen der Zellmembran; 8) Freisetzung der Zellinhalts und Induktion von inflammatorischen Reaktionen.

3.2 Mechanismus der Nekrose

Es ist noch weigehend unklar, wie das Zusammenspiel der zellulären Prozesse, Organellen und Mediatoren im nekrotischen Zelltod organsiert ist (LOHMANN, 2011). Jedoch weisen neuere Ergebnisse darauf hin, dass auch hier spezifische Signalwege aktiviert werden. Da die beteiligten Signalwege auch im Verlauf der Apoptose aktiviert werden, kam es zur Prägung des Begriffes Nekroptose oder programmierter Nekrose (VANDENABEELE et al., 2010). Ein möglicher nekrotischer Signalweg ist in Abbildung 5 dargestellt. Hier ist das Adapterprotein FADD über die DD an die intrazellulären DD des Membranrezeptors gebunden. Durch Bindung von RIP1 an die Todesdomäne von FADD wird Nekrose ausgelöst. Da es sich bei der Nekrose um einen nicht energieabhängig Prozess handelt, kann es auch zu nekrotischem Zelltod kommen, wenn eine Apoptoseinduktion ohne ausreichende Energieversorgung vorliegt (FINK et al., 2005).

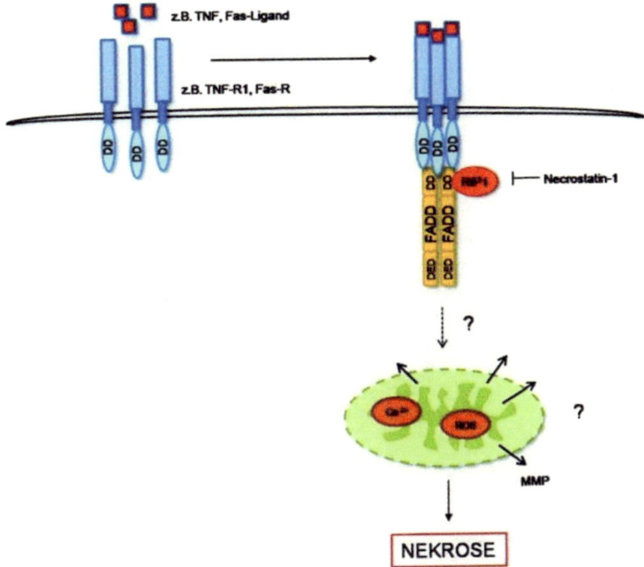

Abb. 5.: Möglicher Signalweg während der Nekrose (nach LOHMANN, 2011).

3.3 Die physiologische und pathologische Relevanz der Nekrose

Die Hauptrelevanz des nekrotischen Zelltods liegt im Alternativweg als sog. *back up*-Mechanismus der Apoptose, um Zellen zu eliminieren (LOHMANN, 2011).

4   Zusammenfassung

Zusammenfassend lässt sich festhalten, dass zwei Arten von Zelltod hinsichtlich der charakteristischen morphologischen und biochemischen Merkmalen unterschieden werden können (Abb. 6.; Tab. 1.).

Die Apoptose stellt einen kontrollierten, programmierten Zelltod dar, dessen Zelluntergang ist selektiv, und der durch Abschnürungen der Zelle in sog. „Apoptosekörperchen" charakterisiert ist, welche durch Makrophagen oder Nachbarzellen phagozytiert werden. Die Apoptose wird weitgehend als eine immunologisch unauffällige Art von Zelltod gesehen, die keine Entzündungsreaktion induziert.

Die Nekrose im Vergleich hierzu steht für eine unkontrollierte, zufällige Art von Zelltod, die in der Lyse der Zelle endet. Dabei wird die Membranintegrität aufgelöst und die zellulären Kompartimente werden in den extrazellulären Raum freigesetzt, welches zu einer Induktion einer Entzündungsreaktion führt.

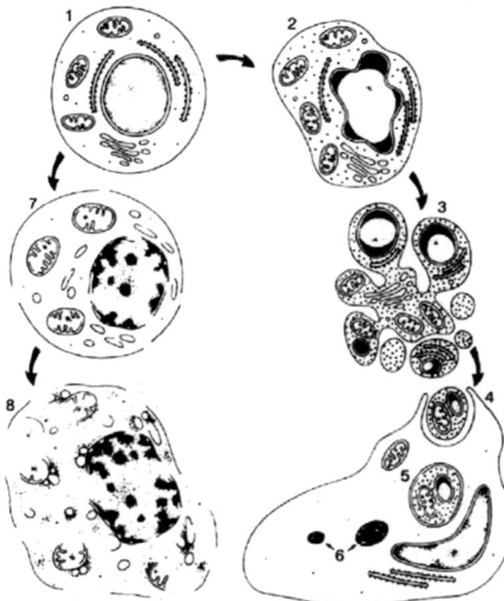

Abb. 6.: Darstellung einer apoptotischen (rechts) und nekrotischen (links) Zelle (modifiziert nach KERR et al., 1995).
1) Normale Zelle; 2) Zelle schrumpft, Cytoplasma und Chromatin kondensieren; 3) Zellkern wird fragmentiert und Vesikel werden von der Cytoplasmamembran abgeschnürt; 4-6) „Apoptosekörperchen" werden von Nachbarzellen oder Makrophagen phagocytiert und durch lysosomale Enzyme verdaut; 7) Anschwellen der Zelle und Aufbrechen der Zellmembran; 8) Freisetzung der Zellinhalts und Induktion von inflammatorischen Reaktionen.

Tab. 1.: Unterschiede zwischen Apoptose und Nekrose (modifiziert nach SCHMITZ, 2011)

Unterscheidungsmerkmale	Apoptose	Nekrose
Mechanismus/ Steuerung	programmiert, unter genetischer Kontrolle	nicht programmiert, ohne genetische Kontrolle
Energiebedarf	ATP-abhängig	energieunabhängig
Entzündungsreaktion	nein	durch Freisetzung von Enzymen und Metaboliten induzierte Entzündungsreaktion
morphologische Merkmale		
Zellvolumen	verringert sich, Zellschrumpfung	vergrößert sich
Zellorganellen (Mitochondrien)	bleiben intakt	Schwellung der Mitochondrien
Chromatinkondensation	ja	Auflockerung des Chromatins
DNA-Fragmentierung	Durch den enzymatischen Verdau der DNA entstehen Fragmente definierter Länge	DNA-Fragmentierung an zufälliger Stelle, daher entstehen Fragmente unterschiedlicher Länge
biochemische Merkmale		
Vesikelbildung	Abschnürung von apoptotischen Körperchen, die intakte Zellorganellen enthalten	keine Vesikelbildung, völlige Zelllyse
Phagocytose	Phagocytose durch Nachbarzellen	Phagocytose der Zellreste durch Fresszellen
Membranschädigung	nein, intakte Membran	ja, Lyse der Plasmamembran

5   Literarturverzeichnis

BAEHRECKE, E. H. (2002)
How death shapes life during development, Nat Rev Mol Cell Biol 3(10), 779-787.

BIEBL, M. (2003)
Apoptose neuronaler Stamm- und Vorläuferzellen: in vivo Untersuchungen zur Regulation adulter Neurogenese, Dissertation, Universität Regensburg, 10-15.

FINK, S. L. und COOKSON, B. T. (2005)
Apoptosis, pyroptosis, and necrosis: Mechanistic description of dead and dying eukaryotic cells, Infection and Immunity 73 (4), 1907-1916.

GREEN, D. R. und REES, J. C. (1998)
Mitochondria and apoptosis, Science 281, 1309-1312.

HENGARTNER, M. O. (2000)
The biochemistry of apoptosis, Nature 407(6805), 770-776.

KERR , J. F. et al. (1972)
Apoptosis: A basic biological phenomenon with wide ranging implications in tissue kinetics, Br J Cancer 26, 239-257.

KERR, J. F. (1995)
Neglected opportunities in apoptosis research, Trends Cell Biol 5 (2), 55-57.

KLEINIG, H. und SITTE, P. (1999)
Zellbiologie, Gustav-Fischer Verlag, 4. Aufl., 467-468.

KROEMER, G., DALLAPORTA, B. und RESCHE-RIGON, M. (1998)
The mitochondrial death/life regulator in apoptosis and necrosis, Annu Rev Physiol 60, 619-642.

LEIST, M. und JAATTELA, M. (2001)
Four deaths and a funeral: from caspases to alternative mechanisms, Nat Rev Mol Cell Biol 2(8), 589-598.

LOHMANN, C. (2011)
Direkte Induktion von Apoptose oder Nekrose in B16-Melanomzellen und deren Einfluss auf das Immunsystem, Dissertation, Ludwig-Maximilians-Universität München, 3-17.

LÖFFLER, G. und PETRIDES, P. E. (2003)
Biochemie & Pathobiochemie, Springer-Verlag, 7. Aufl., 213-215.

MAJNO, G. und JORIS, I. (1995)
Apoptosis, oncosis, and necrosis. An overview of cell death, Am J Pathol 146, 3–15.

MEIER, P., FINCH, A. und EVAN, G. (2000)
Apoptosis in development, Nature 407,796-801.

NICHOLSON, D. W. und THORNBERRY, N. A. (1997)
Caspases: killer proteases, Trends Biochem Sci 22, 299-306.

OBERHOLZER, A., OBERHOLZER, C., MINTER, R. M. und MOLDAWER, L. L. (2001)
Considering immunomodulatory therapies in the septic patient: should apoptosis be a potential therapeutic target? Immunol Lett 75(3), 221-224.

PAPATHANASSOGLOU, E. D., OYNIHAN, J. A., VERILLION, D. L., McDERMOTT, M. P. und ACKERMANN, M. H. (2000)
Soluble fas levels correlate with multiple organ dysfunction severity, survival and nitrate levels, but not with cellular apoptotic markers in critically ill patients. Shock 14(2), 107-112.

RAVAGNAN, L., ROUMIER, T. und KROEMER, G. (2002)
Mitochondria, the killer organells and their weapons, J Cell Phys 192, 131-137.

RICH, T., ALLEN, R. L. und WYLLIE, A. H. (2000)
Defying death after DNA damage. Nature 407, 777-783.

SAVILL, J. und FADOK, V. (2000)
Corpse clearance defines the meaning of cell death, Nature 407.

SCHMITZ, S. (2011)
Der Experimentator: Zellkultur, Spektrum Akademischer Verlag Heidelberg, 3. Aufl., 18-38.

SCHÖNFELD, N. (2002)
Isolation und molekulare Charakterisierungdes Apoptose-induzierenden Metastasensuppressors C33/CD82, Dissertation, Ludwig-Maximilians-Universität München, 1-18.

STRASSER, A., O´CONNER, L. und DIXIT, V. M. (2000)
Apoptosis signaling, Annu Rev Biochem 69, 217-245.

SULSTON, J. E. und HORVITZ, H. R. (1977)
Post-Embryonic Cell Lineages of Nematode, Caenorhabditis-Elegans, Developmental Biology 56 (1), 110-156.

THORNBERRY, N. A. und LAZEBNIK, Y. (1998)
Caspases: enemies within, Science 281(5381), 1312-1316.

TRUMP, B. F. GOLDBLATT, P. J. und STOWELL, R. E. (1965)
Studies of necrosis in vitro of mouse hepatic parenchymal cells. Ultrastructural and cytochemical alterations of cytosomes, cytosegresomes, multivesicular bodies, and microbodies and their relation to the lysosome concept, Lab Invest 14(11), 1946-1968.

VANDENABEELE, P., GALLUZZI, L., VANDEN BERGHE, T. und KROEMER, G. (2010)
Molecular mechanisms of necroptosis: an ordered cellular explosion, Nat Rev Mol Cell Biol 11 (10), 700-714.

VOLL, R. E., ROTH, E. A., STACH, C., KALDEN, J. R. und GIRKONTAITE, I. (1997)
Immunosuppressive effects of apoptotic cells, Nature 390, 350-351.

WILSON, K. P., BLACK, J. A., THOSON, J. A., KI, E. E., GRIFFITH, J. P., NAVIA, . A., MURCKO, M. A., CHAMBERS, S. P., ALDAPE, R. A. und RAYBUCK, S. A. (1994)
Structure and mechanism of interleukin-1 beta converting enzyme, Nature 370, 270-275.